DEUTSCHE AKADEMIE DER WISSENSCHAFTEN ZU BERLIN

VORTRÄGE UND SCHRIFTEN

HEFT 86

JÜRGEN KUCZYNSKI

ÜBER EINIGE PROBLEME DER AUSBILDUNG UND BILDUNG DES WISSENSCHAFTLERS

AKADEMIE-VERLAG · BERLIN

1963

Vortrag gehalten von Hrn. Kuczynski in der Sitzung des Plenums der Deutschen Akademie der Wissenschaften zu Berlin vom 22. 11. 62

Zum Druck genehmigt am gleichen Tage, ausgegeben am 30. 8. 63

Zum Vortrag nahmen das Wort die HH. Hartke, Rompe, Steenbeck, Oelßner, Rienäcker Leibnitz, Frühauf und Kuczynski

Die wichtigsten Ergebnisse der Diskussion werden ebenfalls abgedruckt

Erschienen im Akademie-Verlag GmbH, Berlin W 8, Leipziger Straße 3-4

Lizenznummer: 202 · 100/276/63
Gesamtherstellung: IV/2/14 · VEB Werkdruck Gräfenhainichen · 2079
Bestellnummer: 2003/86 · ES 1 I/3 A · Preis: DM 1,50

Der heutige Vortrag ist durch eine Diskussion über einige Fragen wissenschaftlicher Ausbildung und Bildung, die wir kürzlich in unserem Plenum hatten, angeregt worden. Vor einigen Monaten handelte es sich um eine jener spontanen Aussprachen, wie sie sich oft in den letzten zweieinhalbtausend Jahren unter Wissenschaftlern entwickelt haben — heute um den ebenfalls häufigen Versuch einer ein wenig systematisierenden Betrachtung einiger Seiten einiger Grundprobleme.

Wenige Gebiete des gesellschaftlichen Lebens können auf eine so lange Tradition immer erneuter Selbstbesinnung und Selbstüberprüfung zurückblicken wie das der Wissenschaft. Unerhört groß und stark und gesichert ist unser Fundus an Erfahrungen wissenschaftlichen Fortschritts. Wenn die Losung unserer Akademie lautet Theoria cum Praxi, so mag das dem in der Geschichte der Wissenschaft nicht Bewanderten modern klingen, und anderen mag das als eine bedeutsame Erkenntnis von Leibniz erscheinen. Wenn Leibniz aber so formulierte, benutzte er nur eine ihm zumindest schon aus Aristoteles wohlbekannte Weisheit als Waffe gegen Pseudowissenschaftler, die vermeinten, „reine Theoretiker" oder „reine Praktiker" sein zu können. Andere uralte Erkenntnisse der Wissenschaftler sind die Notwendigkeit des Meinungsstreits, das heißt der kollektiven Entwicklung von Gedankengängen und Theorien, oder der Vorteil der Bildung von Schulen — Erkenntnisse, die uns so großartig bereits die Theorie und Praxis antiker griechischer Wissenschaft vermittelt hat.

So alt die Tradition der Wissenschaft jedoch, so groß ihr Reich gesicherter Erfahrungen, so gewaltig sind auch gleichzeitig die Veränderungen, denen ihre Entwicklung seit dem Tag ihrer Geburt unterliegt, so bedeutsam ist die jeweils neue Problematik, die, teils durch die Entwicklung der Produktivkräfte, teils durch allgemein gesellschaftliche Verhältnisse bedingt, die Wissenschaftler immer wieder zum Durchdenken des Charakters und der Methodik wissenschaftlichen Fortschritts zwingt. Dafür drei Beispiele:

Stets stand vor dem jungen Wissenschaftler die Aufgabe, die großen Erkenntnisse der Vergangenheit in sich aufzunehmen. Bis zum Ende des

19. Jahrhunderts aber war es zumeist so, daß, wenn man studiert und eine gewisse praktische Erfahrung gewonnen, man gewissermaßen ausgelernt hatte — was natürlich nicht bedeutete, daß man nicht neue Erkenntnisse hinzuerwarb, genau wie auch der lang ausgelernte Handwerksmeister der Feudalzeit noch diese oder jene technische Fertigkeit sich aneignete.

Heute haben sich die Verhältnisse auf den meisten Wissenschaftsgebieten in dieser Beziehung jedoch grundlegend verändert. Betrachten wir das wissenschaftliche Leben zweier Wirtschaftslehrer, die von 1850 bis 1854 in Cambridge und St. Petersburg studiert hatten. Beide konnten ein Vierteljahrhundert mit den gleichen Standardwerken auskommen — und auch während des folgenden Vierteljahrhunderts blieb es ihnen überlassen, ob sie die neu aufkommende Grenznutzenlehre übernehmen, sie nur erwähnen oder verachtungsvoll übergehen wollten. Weder ihrem wissenschaftlichen Ruf, noch der Praxis etwa der Studenten, die die Universität entließ, schadete die jeweilige Art ihres Verhaltens. Natürlich fielen ihnen zahlreiche neue Nuancierungen der Theorie ein, natürlich förderten sie zahlreiche neue Tatsachen zutage, natürlich begleiteten sie die laufenden wirtschaftlichen Ereignisse mit Kommentaren — aber eine sorgfältige Durchdenkung der ihnen von 1850 bis 1854 vermittelten Theorie und Methodologie der Wirtschaftskunde konnte ihnen bis an das Ende ihrer wissenschaftlichen Tätigkeit reichen. Wie anders ist die Lage ihrer Ururenkel, die in Cambridge und Leningrad von 1950 bis 1954 studiert haben. Schon gegenwärtig, am Ende des Jahres 1962, sind die Vorlesungen von 1950/54 arg veraltet. In Leningrad lehrt man heute den Studenten verstehen, welche Rolle die Mathematik, das Modell und der Begriff der Rentabilität in der Wirtschaftswissenschaft spielen, in Cambridge hat sich mit der Entwicklung der wirtschaftlichen Wachstumstheorien der Schwerpunkt der Aufmerksamkeit ganz entschieden von der Distribution auf die Produktion, auf den Reproduktionsprozeß des Kapitals verlagert.

Das heißt, der Begriff des Ausgelernthabens, der genaugenommen natürlich niemals galt, aber mit Recht bis weit in das 19. Jahrhundert hinein verwandt wurde, hat jede auch nur praktische Berechtigung verloren in einer Zeit, in der so viele Wissenschaften in einer Generation oft so grundlegende Veränderungen erfahren, daß aus den Universitätserkenntnissen einer vergangenen Generation gar nicht selten Oberschulbeispiele falscher Theorien geworden sind. Der moderne Wissenschaftler, ganz gleich welcher Gesellschaftsordnung er angehört, ganz gleich, ob er Naturwissenschaftler oder Gesellschaftswissenschaftler ist, ist gezwungen, sich ständig in stärkstem Maße auf seinem Fachgebiet weiterzubilden. Er wird nach einem Jahrfünft schon vieles recht anders sehen als zuvor. Das ganze Leben des Wissenschaftlers ist zu einem ständigen und eilig fortschreitenden Erziehungs-, Lern- und Aneignungsprozeß geworden, ohne den sein eigener Arbeitsprozeß als Lehrer und Forscher sich nicht mehr weiterentfalten kann.

Eine zweite neue Problematik von großer Bedeutung bringt der Prozeß der — wie wir es unschön, aber nicht unzutreffend nennen — Verwissenschaftlichung der Produktion und überhaupt des gesellschaftlichen Lebens. Dieser Prozeß der Verwissenschaftlichung des gesellschaftlichen Lebens führt dazu, daß die Wissenschaft weit enger als in der Vergangenheit mit dem täglichen Leben verbunden ist. Der Wissenschaftler, ganz gleich welchen Gebietes, darf mit der Arbeit nicht mehr warten, bis in der Dämmerung die Eule der Athena zum Fluge anhebt. Er muß mit dem frühmorgendlichen Krähen des Hahnes an die Verarbeitung der Wirklichkeit gehen.

Und als dritte große Neuerscheinung der Wissenschaft, die eng mit dem zuvor Besprochenen zusammenhängt, möchte ich den Zwang zur wissenschaftlichen Ausbildung einer großen Anzahl von Menschen, zur wissenschaftlichen Massenerziehung nennen, eine Neuerscheinung, die zuerst in den Vereinigten Staaten von Amerika nach dem Bürgerkrieg aufzutauchen begann und die heute zu einem zentralen Aufgabengebiet geworden ist — in den kapitalistischen Ländern in der Form vor allem der Heranziehung eines Heeres von Technikern zur Bewältigung und Handhabung der gewaltig gewachsenen Produktivkräfte, in den sozialistischen Ländern in der Form der Forderung der Schöpfung einer allseitig gebildeten Nation von Spezialisten.

Mit dieser Forderung des Sozialismus sind wir zu dem zentralen Thema meiner heutigen Ausführungen vorgestoßen.

Die Problematik der Verbindung von Allgemeinbildung und Spezialisierung beschäftigt die besten Wissenschaftler seit mehr als hundert Jahren.

Vor zehn Jahren äußerte sich Einstein zu dieser Problematik in einem Interview mit der New York Times so: „Es ist nicht genug, den Menschen ein Spezialfach zu lehren. Dadurch wird er zwar zu einer Art benutzbaren Maschine, aber nicht zu einer vollwertigen Persönlichkeit. Es kommt darauf an, daß er ein lebendiges Gefühl dafür bekommt, was zu erstreben wert ist. Er muß einen lebendigen Sinn dafür bekommen, was schön und was moralisch gut ist. Sonst gleicht er mit seiner spezialisierten Fachkenntnis mehr einem wohlabgerichteten Hund als einem harmonisch entwickelten Geschöpf.“

Es wäre vermessen zu glauben, daß wir heute schon in allem klar sehen oder gar alle Probleme der Verbindung von Allgemeinbildung und Spezialisierung praktisch gelöst hätten. Doch haben wir in den sozialistischen

Ländern, und so auch in unserem Lande, bereits große Fortschritte auf dem Wege zur Klärung und Lösung dieser Probleme gemacht.

In den vorkapitalistischen Gesellschaftsordnungen bemühte man sich an den Akademien und Universitäten, dem Studierenden eine Allgemeinbildung im Rahmen dessen, was man damals unter Wissenschaft verstand, zu geben, und zugleich anerkannte man stets eine sogenannte Primärwissenschaft – die Philosophie oder die Theologie. Die Frage der Spezialisierung stand nicht.

Anders wurde es, als mit der Renaissance in Europa die Wissenschaft eine außerordentliche Entfaltung nahm. Jetzt verlangte die studienmäßige Vorbereitung auf originelle Forschung schon rein zeitmäßig, ganz abgesehen von besonderer Begabung und Qualifizierung, eine Spezialisierung. Zwar schien es den Zeitgenossen noch durchaus natürlich, daß Newton seine Aufmerksamkeit zwischen Physik und Theologie, Leibniz die seine zwischen Mathematik und Geschichtsschreibung teilte und jeder von beiden noch auf zahlreichen anderen Gebieten arbeitete, daß William Petty unter anderem Arzt, Musiker, Landmesser und Politökonom war. Doch zugleich begann die Spezialisierung, insbesondere etwas später mit den großen Ansprüchen, die die heranwachsende Industrie Englands an den – wie wir ihn heute nennen – Techniker oder Ingenieur stellte.

Die Techniker oder Ingenieure entwickelten auch als erste die Schwäche völlig einseitiger Ausbildung, da sie zumeist nicht die Universitäten, an denen Vorlesungen auf den verschiedensten Wissensgebieten wenigstens gehört werden konnten, besuchten. Im Laufe des 19. Jahrhunderts setzte dann sowohl in den Naturwissenschaften wie auch in den Gesellschaftswissenschaften eine so einseitige Spezialisierung ein, daß wissenschaftliche Allgemeinbildung seltener und seltener wurde. Dazu kam, daß die herrschende Klasse allgemein die Ideologie verbreitete, daß die Führung der Staatsgeschäfte eine Angelegenheit der „Klassenbegabung" und praktischer Erfahrung sei, die mit Wissenschaft nichts zu tun habe. Infolgedessen hielt es der Naturwissenschaftler für durchaus in der Ordnung, nichts von Ökonomie oder allgemein von Gesellschaftswissenschaft zu verstehen, während der Gesellschaftswissenschaftler sich, da die Praxis ihn nicht korrigierte, so spezialisierte, daß er zu glauben vermochte, Recht, Geschichte, Wirtschaft, Literatur usw. getrennt voneinander, ohne Beziehung zueinander studieren und als Spezialist erforschen zu können.

Die Lehre des Marxismus-Leninismus über das Verhältnis von Gesellschaft und Natur, die Erkenntnis der dialektischen Verbundenheit der Produktivkräfte, der Produktionsverhältnisse und des Überbaus, die Einsicht in die Einheit von Ökonomie und Politik und schließlich das Postulat, daß, da der Sozialismus eine wissenschaftliche Lehre ist, der Funktionär des sozialistischen Staates ein wissenschaftlich gebildeter Mensch sein muß — all dies führte in der sozialistischen Gesellschaft dazu, daß dem Problem der wissenschaftlichen Allgemeinbildung wieder entscheidende Aufmerksamkeit gewidmet wurde. Zugleich aber forderte die schnelle Entwicklung aller Wissenschaftszweige in der sozialistischen Gesellschaft eine strenge Spezialisierung.

Wir bemühen uns daher, unsere Studenten in der Richtung zu erziehen, daß sie als allgemein gebildete Menschen mit gründlicher Spezialausbildung die Universitäten verlassen. Nur so, meinen wir, können sie bewußt ihrer Verantwortung für den Aufbau unserer sozialistischen Gesellschaftsordnung und sachkundig zugleich den Aufgaben, die unser Leben an sie stellt, nachgehen. Nur so, meinen wir, können sie ihre spezifische Funktion in der sozialistischen Gesellschaft ausfüllen: Diener des Volkes zu sein, indem sie Diener der Wahrheit sind, und Diener der Wahrheit zu sein, indem sie Diener des Volkes sind.

Die Grundlegung einer Allgemeinbildung als Voraussetzung für ein ernstes, eindringliches Spezialstudium beginnt bei uns auf den Schulen, die Anfangserkenntnisse der Produktionsvorgänge, der Naturwissenschaften, der Gesellschaftswissenschaften und der musischen Allgemeinbildung vermitteln und staatsbewußte, sozialistisch denkende, fühlende und handelnde junge Menschen zu formen sich bemühen.

In voller Klarheit darüber, daß Spezialisierung sowohl für die Formung der sozialistischen Persönlichkeit wie auch für den praktischen Einsatz des jungen Absolventen der Universität gefährlich ist, wenn sie nicht mit einer breiten und tiefen Allgemeinbildung verbunden ist, sorgen wir dafür, daß auch an den Universitäten die Allgemeinbildung, und zwar vor allem in Form des Grundstudiums des Marxismus-Leninismus, eine große Rolle spielt.

Die Bedeutung dieses Grundstudiums besteht darin, daß es dem Studenten, anknüpfend an seine Schulbildung, ein einheitliches und wissenschaftlich begründetes Weltbild vermittelt und die erkenntnistheoretischen Voraussetzungen für das erfolgreiche Spezialstudium schafft. Durch den dialektischen und historischen Materialismus werden alle Wissenschaftszweige und Spezialdisziplinen zu einem einheitlichen Ganzen verbunden — im Gegensatz zu dem heterogenen Durcheinander verschiedener Theorien und Systeme, das den Studenten an den Universitäten kapitalistischer Länder geboten wird. Auf dieser Grundlage führt die Spezialisierung nicht zu einer Zersplitterung der Wissenschaft, nicht zu gegenseitiger Entfremdung ihrer Fachdisziplinen, wie etwa an den Universitäten der Vereinigten Staaten von Amerika, Englands, Frankreichs oder der Bundesrepublik Deutschland, sondern vielmehr zu einer Vertiefung der universellen Erkenntnis des Lebens in Vergangenheit, Gegenwart und Zukunft.

So vorbereitet, so begleitet von allgemeinbildender Erziehung und Kenntnisvermittlung beginnt unser Student das Spezialstudium.

Ein Problem, das uns gegenwärtig in unserer Republik beschäftigt, ist die Frage: soll die Spezialisierung erst nach ein oder zwei Jahren Allgemeinstudiums oder möglichst schon im ersten Universitätsjahr einsetzen. Bis vor kurzem neigten wir dazu, in einer ganzen Reihe von Fachgebieten die Spezialisierung aufzuschieben und die ersten Studienjahre möglichst der Allgemeinbildung zu widmen — also bei den Wirtschaftswissenschaftlern zum Beispiel den Grundlagen des Marxismus-Leninismus, allgemein der Politischen Ökonomie, der Wirtschaftsgeschichte, der Wirtschaftsgeographie usw. —, während die Spezialisierung auf Finanzökonomik, Volkswirtschaftsplanung, Statistik, Arbeitsökonomik, Außenhandelsökonomik usw. erst später erfolgte.

Wenn wir von dieser natürlich erscheinenden Entfaltung des Studiums abkommen, so hängt das mit einer zunehmenden Klarheit über Bedeutung und Charakter der Praxis zusammen.

Was heißt theoria cum praxi? Verstehen wir hier, in diesem Zusammenhang, unter Praxis irgendeine praktische Tätigkeit, also daß der Medizinstudent im Betrieb beim Buchhalter lernt, der Historiker als Kellner arbeitet oder der Anglist in der Landwirtschaft tätig ist? Selbstverständlich hat jede praktische Tätigkeit ihren Nutzen, einmal für die Gesellschaft und sodann für die Formung eines jeden Menschen. Und wenn wir heute Mangel an Arbeitskräften haben, oder wenn wir im vollendeten Kommunismus viel länger leben und überreich an gesellschaftlichen Schätzen jeder Art sind, dann soll jeder dort praktisch arbeiten, wo Not am Mann ist, bzw. nach seinen Bedürfnissen praktisch tätig sein. Aber man soll sich klar darüber sein, daß das nichts mit theoria cum praxi zu tun hat. Theoria cum praxi bedeutet nicht die Verbindung irgendeiner Theorie, sagen wir der Politischen Ökonomie, mit irgendeiner Praxis, sagen wir der Säuberung der Räume in einem Krankenhaus. Theoria cum praxi bedeutet vielmehr die Verbindung einer spezifischen Theorie mit der ihr zugehörenden spezifischen Praxis.

Darum hat unser Staatssekretariat für Hoch- und Fachschulwesen die meiner Ansicht nach völlig richtige Entscheidung getroffen, das Spezialstudium vorzuverlegen, so daß das Praktikum der Studenten von Anfang an direkt mit dem Studium verbunden werden kann. Es wäre jedoch in diesem Zusammenhang zu überlegen, ob nicht der Weg, den man in der Sowjetunion geht, vorzuziehen wäre. Von den gleichen Gedankengängen über theoria cum praxi ausgehend hat man dort nicht das Spezialstudium vorverlegt, sondern das Praktikum, und zwar im Umfang von 6 bis 9 Monaten, zwischen das dritte und vierte Studienjahr eingeschoben.

Über die praxis sine theoria aber, über zwei Jahre Praxis zwischen Oberschule und Universität, die nichts mit dem künftigen Studium zu tun haben, schrieb kürzlich der bedeutende sowjetische Historiker J. Minz:

„Wenn ein junger Mann als LKW-Fahrer oder ein junges Mädchen als Buchhalterin zwei Jahre lang gearbeitet haben, werden sie bevorzugt zu jeder Hochschule zugelassen, selbst wenn ihre Kenntnisse mittelmäßig sind. Ausschlaggebend ist die Tatsache, daß sie in der Produktion beschäftigt waren. Ob die Tätigkeit des künftigen Studenten wenigstens einigermaßen mit seinem künftigen Beruf zusammenhängt, kümmert kaum jemanden. Doch gerade das Bestreben des Menschen, der Aufgabe möglichst nahe zu sein, der er sein ganzes Leben widmen will, muß zum Prüfstein seiner Berufung gemacht werden.

Trifft das nicht zu, bleibt die zweijährige Unterbrechung der Ausbildung (sofern die Tätigkeit in der Produktion sich nicht mit dem künftigen Berufsprofil deckt) nicht ohne Folgen. Zwar sammelt man während dieser Zeit gewisse Alltagserfahrungen, doch wird die Kontinuität des Bildungsprozesses gestört, weshalb auch an den Hochschulen in solchen Disziplinen wie Mathematik und Physik erheblich schlechtere Lernergebnisse erzielt werden."

Ja — wir wenden uns gegen den ungebildeten Spezialisten wie gegen den allgemeingebildeten Nichtskönner, gegen die praxis sine theoria und gegen die theoria sine praxi in der Wissenschaft! Denn wir begreifen die ungeheure Bedeutung der Wissenschaft für den gesellschaftlichen Fortschritt. Wir verstehen, daß die Resultate wissenschaftlicher Forschung eingehen in die Produktion und dort als Produktivkraft wirken. Wir wissen, daß die Ergebnisse unserer Arbeit eingehen in das Bewußtsein der Menschen und dort als Motor der gesellschaftlichen Bewegung fungieren. In einer Periode des Wettbewerbs zwischen zwei Gesellschaftssystemen, in der zugleich stets die Gefahr eines Weltkrieges von seiten des Imperialismus droht, in der wir also alles tun müssen, um diesen Wettbewerb so schnell wie möglich siegreich zu beenden, kommt alles darauf an, die gesellschaftliche Produktivität, Produktivität im weitesten Sinne des Wortes, so schnell wie möglich zu heben. Und das können wir nur durch steile Hebung des Niveaus der wissenschaftlichen Ausbildung und Bildung des Wissenschaftlers, des Trägers des wissenschaftlichen Fortschritts.

*

In der Diskussion unseres Plenums, die den Ausgangspunkt meiner Ausführungen bildet, tauchte ein Problem auf, das einigen der vorangehenden

Bemerkungen eine neue, überaus wichtige Nuance gibt, ja, unseren Überlegungen betreffend Allgemeinbildung und Spezialisierung eine Vertiefung geben muß, die ganz neue dialektische Zusammenhänge erkennen läßt.

Die Naturwissenschaftler, die damals sprachen, wiesen auf die unbedingte Notwendigkeit der Spezialisierung in zwei oder gar noch mehr Fächern hin. Sie brachten eine Problematik von größter Bedeutung auf – ich möchte sie die Problematik der Komplex-Spezialisierung nennen. Es handelt sich dabei um ein Phänomen, das gewissermaßen spontan schon seit etwa einem halben Jahrhundert aus der wissenschaftlichen Praxis erwachsen ist. Biochemiker, Astrophysiker, Mediziner, die Biologen sind, Wirtschaftshistoriker, Wirtschaftsjuristen entwickelten sich zunächst als Einzelpersönlichkeiten der Wissenschaft. Allmählich wurden entsprechende Disziplinen geschaffen. Unter sozialistischen Verhältnissen wird dieser Prozeß bewußt gefördert.

Wie das gesellschaftliche Leben uns die Komplex-Spezialisierung aufzwingt, wie wir mit der Lösung der entsprechenden Probleme ringen, sei an einem Beispiel illustriert.

Seit einer Reihe von Jahren bilden wir Ingenieur-Ökonomen aus. Wie alle Studenten bei uns – seien sie Mediziner oder Romanisten, Mathematiker oder Kunsthistoriker – erhalten auch unsere Ingenieure eine Grundausbildung im Studium des Marxismus-Leninismus, das heißt in Philosophie, in Politischer Ökonomie und in Geschichte der Arbeiterbewegung. Wenn man jedoch daran denkt, daß in unserer Gesellschaftsordnung der Ingenieur im Grunde nur eine Hauptaufgabe hat: Hebung der Arbeitsproduktivität zur Verbesserung des Lebens bei gleichzeitiger Erleichterung der Arbeit – und wenn man weiter bedenkt, daß es sich dabei um eine Aufgabe von eminenter ökonomischer Bedeutung handelt, und wenn wir schließlich beachten, daß die technisch beste Lösung einer Aufgabe keineswegs immer die ökonomisch beste Lösung ist, dann erkennen wir, wie notwendig es ist, daß der Ingenieur über weit mehr wirtschaftswissenschaftliche Kenntnisse verfügt als zur Allgemeinbildung gehören. Das heißt, das Leben verlangte die Komplex-Spezialisierung Ingenieur und Ökonom, und so entstand der Ingenieur-Ökonom.

Der gleichen Forderung des Lebens begegneten wir aber auch bei der Ausbildung des Industrieökonomen. Der Industrieökonom war ursprünglich nichts anderes als ein Ökonom, der sich auf die Probleme einer Einzelindustrie – das Baugewerbe, die Elektroindustrie usw. – spezialisierte. Bald zeigte sich jedoch, daß es unmöglich ist, Spezialist der Ökonomik eines einzelnen Industriezweiges zu sein, ohne über eine sehr genaue Kenntnis der Technologie dieses Industriezweiges zu verfügen. Das heißt, aus dem ökonomischen Spezialisten, der natürlich auch über gewisse allgemeine technische

Kenntnisse verfügte, mußte ein Komplex-Spezialist werden, der speziell den Industriezweig in seiner Ökonomik wie in seiner Technologie studiert.

Infolge dieser Entwicklung befanden wir uns in folgender Lage: An den technischen Anstalten wurden Ingenieur-Ökonomen, an den Universitäten wurden Industrieökonomen ausgebildet, beide Komplex-Spezialisten für Technologie und Ökonomie.

Das Staatssekretariat für Hoch- und Fachschulwesen ist zu der Auffassung gekommen, daß es sich hier um so ähnliche Erscheinungen handelt, daß wir sie gewissermaßen zu einer wissenschaftlichen Gestalt vereinen sollten. Ihre Bezeichnung lautet gegenwärtig Ingenieur-Ökonom.

Der Ingenieur-Ökonom ist eine Erscheinung des wissenschaftlichen Lebens von ganz überragender Bedeutung. Klarer noch als der Astrophysiker oder der Wirtschaftshistoriker verkörpert er eine neue Entwicklung der Wissenschaft — nämlich eine Tendenz zur Universalisierung durch Komplex-Spezialisierung. Wie selten sind seit der Renaissance Wissenschaftler geworden, die Bedeutendes sowohl auf dem Gebiete der Naturwissenschaften wie auf dem der Gesellschaftswissenschaften geleistet! Die Ausbildung von Ingenieur-Ökonomen aber legt die Grundlage für Arbeit auf breiter Basis in beiden Wissenschaftsbereichen. Und wir können sicher sein, daß der Ingenieur-Ökonom nicht der einzige Komplex-Spezialist bleiben wird, der die beiden großen Wissenschaftsgebiete in schöpferischer Arbeit verbindet. Ja, ist nicht bereits im Psychologen seit längerem eine ähnliche Gestalt herangewachsen? Und wie steht es mit dem Mathematiker-Ökonomen, den wir anfangen auszubilden, wie mit dem modernen Statistiker? An wievielen Stellen beginnen sich diese beiden großen Reiche menschlichen Erkenntnisstrebens durch die Komplex-Spezialisierung wieder zu vereinen!

Doch mehr: Trägt nicht jeder Komplex-Spezialist dazu bei, die zahlreichen Wissenschaften, die so lange so getrennt nebeneinander existieren mußten, wieder einander näherzubringen! Ist doch der Wirtschaftshistoriker ein Komplex-Spezialist, der sowohl schöpferisch auf dem Gebiet der Ökonomie wie auf dem der Geschichte arbeitet. Und zugleich ist es nicht verwunderlich, daß unter den an der Akademie beschäftigten Wirtschaftshistorikern in der letzten Zeit einige ein technologisches Fernstudium aufgenommen haben, weil sie ohne eine wirkliche Kenntnis der Technik nicht das Studium der Entwicklung der Produktivkräfte durchführen können. Erwähnt in diesem Zusammenhang sei es auch, daß nur die komplexe Verbindung von Wirtschaftsgeschichte und Literaturwissenschaft nachweisen konnte: die historische Berechtigung der Zufriedenheit Pope's mit seiner Zeit, die er in der Formulierung seines Essay on Man „Alles ist gut" zum Ausdruck brachte, die gleiche historische Berechtigung der bitteren Ironie seines Zeitgenossen Swift und schließlich die historische Berechtigung der späteren Angriffe von Mendelssohn und Lessing auf die Übernahme von Pope's Philosophie in das Deutschland ihrer Zeit.

Es ist nicht uninteressant, daß die Wirtschaftshistoriker an unserer Akademie zunächst im Institut für Wirtschaftswissenschaften arbeiteten und dann an das Institut für Geschichte übergingen. Theoretisch würde es sich auch durchaus vertreten lassen, ein Spezialinstitut für Wirtschaftsgeschichte zu schaffen, während umgekehrt manche Ökonomen und manche Historiker die Ansicht vertreten, jeder Ökonom bzw. jeder Historiker sollte auch Wirtschaftshistoriker sein und eine spezielle Gruppe von Wirtschaftshistorikern sei überflüssig — wie es ja auch Biologen und Chemiker geben soll, die die Notwendigkeit einer Spezialdisziplin der Biochemie bestreiten.

Ja, ein führender Physiker erklärte kürzlich, jeder gute Biophysiker sei in erster, zweiter und dritter Linie Physiker und als Biologe gewissermaßen nur ein „Bönhase". Er leugnete darum auch, daß es überhaupt Komplex-Spezialisten wie Biophysiker u. a. geben könne — es sei denn in ungewöhnlich begabten Einzelgestalten, und auch dann nur gegen Ende deren Lebens. Einer unserer führenden Chemiker, der die Komplex-Spezialisierung an sich für unbedingt notwendig hält, meinte, sie ließe sich jedoch nur als Kollektiv realisieren, also zum Beispiel so, daß ein Chemiker und ein Physiker in engster Gemeinschaft miteinander arbeiteten.

Ich meine jedoch, daß solches Mißtrauen in die Komplex-Spezialisierung darin begründet ist, daß die Komplex-Ausbildung auf mancherlei Gebieten noch ungenügend entwickelt ist, daß viele Komplex-Spezialisten nur auf einem Teil des Komplexes systematisch ausgebildet worden sind und sich den anderen Teil erst in der Praxis der wissenschaftlichen Arbeit, gewissermaßen als Autodidakten, angeeignet haben. Gerade darum aber erscheint mir die systematische Ausbildung von Komplex-Spezialisten notwendig, und zwar eben so, daß man den Biophysiker gar nicht mehr aufteilen kann in einen Biologen und einen Physiker.

Das wirft die Frage auf, ob Komplex-Spezialisten neue Wissenschaften begründen helfen, das heißt Wissenschaften mit eigenen Gesetzen. Ist zum Beispiel die Wirtschaftsgeschichte eine eigene Wissenschaft, eine Wissenschaft, deren Forschungsgegenstand besondere Gesetze der gesellschaftlichen Bewegung sind? Ich glaube nicht. Der Wirtschaftshistoriker muß, um in seiner Arbeit etwas leisten zu können, mit den von zahlreichen Wissenschaftszweigen bereits entdeckten Gesetzen der historischen Bewegung des Überbaus, der Basis, das heißt der Ökonomie, wie auch der Produktivkräfte vertraut sein. Er muß als produktiv forschender Komplex-Spezialist auch unsere Kenntnis von dem Wirken dieser Gesetze vertiefen. Und er wird auch neue Gesetzmäßigkeiten zum Beispiel auf dem Gebiete der Politischen Ökonomie entdecken. Solches gilt meiner Ansicht nach auch für andere Komplex-Spezialisten.

Also ist die Komplex-Spezialisierung nur eine Summierung von zwei oder mehr Wissenschaften? Nein! Sie ist weit mehr. Sie ist nicht eine Summierung, sondern eine Integration und hat darum vielfach auch einen spezifischen Gegenstand – nämlich das Wirken verschiedener Gesetzmäßigkeiten aufeinander: biologischer und chemischer, technischer und ökonomischer, ökonomischer und politischer usw. Zugleich trägt sie zur Entwicklung der in dem Komplex befindlichen Wissenschaften durch die Forderungen, die die eine an die andere stellt, bei: zweifellos haben die Ökonomen-Mathematiker in ihrem Bestreben, die ökonomischen Verhältnisse besser mit Hilfe der Mathematik zu erfassen, die Mathematik weiter entwickelt und mit Hilfe dieser auch die Politische Ökonomie. Die Komplex-Spezialisierung vermittelt uns also neue Erkenntnisse der Wirklichkeit durch Förderung der komplex miteinander verbundenen Wissenschaften.

Wir sehen, wie durch die Komplex-Spezialisierung, die uns das Leben aufzwingt, ohne die die Wissenschaften sich nicht weiter entwickeln können, weil ohne sie so viele gesellschaftliche und Naturerscheinungen gar nicht wissenschaftlich erfaßt werden können, die künstlichen Mauern, die vergangene Jahrhunderte zwischen den verschiedenen Wissenschaftszweigen, an den Universitäten zwischen den Fakultäten, errichtet haben, niedergerissen werden. Der Begriff der Universität beginnt einen neuen, faktisch wieder seinen ursprünglichen Sinn zu erhalten – sie ist nicht mehr ein ideologisches Konglomerat sorgfältig gegliederter Fächer, in die die einzelnen Studenten gehören, spezialisiert, unberührt von der Gemeinsamkeit aller Wissenschaften. Die Universität beginnt wirklich wieder zu dem, was ihr Name beinhaltet, zu werden: zu einer Universitas litterarum.

Und gleichzeitig beobachten wir auch eine gewisse Wandlung unserer Forderung nach einer Nation allgemein gebildeter Spezialisten. Aus der Forderung nach Spezialisten, die allgemein gebildet sind, wird die Forderung nach Komplex-Spezialisten, also nach Spezialisten, die bereits einen Teil der wissenschaftlichen Allgemeinbildung in Spezialbildung verwandeln. Ist das doch das Geheimnis der Komplex-Spezialisierung: sie erobert immer neue Nachbar- oder Komplementärgebiete, die in früheren Jahren zur wissenschaftlichen Allgemeinbildung des Spezialisten gehörten, als ureigene Spezialgebiete.

Und mehr: die Überwindung der einseitigen Tendenz zur immer stärkeren Spezialisierung, die wir im 19. Jahrhundert beobachten, der Zwang, um in unseren Erkenntnissen weiterzukommen, sich mit immer neuen Nachbarbzw. Komplementärgebieten zu beschäftigen (ein Zwang, der auch in dem immer schnelleren Wachstum der sogenannten Hilfswissenschaften zum Ausdruck kommt), macht den einzelnen Wissenschaftler aufgeschlossener für das Gesamtreich der Wissenschaften, sowohl geneigter wie auch befähigter, sich allgemein wissenschaftlich zu bilden und ständig weiterzubilden. Wer Hölderlin oder Keats, Puschkin oder Baudelaire in ihrer ganzen Größe verstehen will, begreift heute, im Stadium der Komplex-Spezialisierung der Wissenschaften, daß er die Ökonomie ihrer Zeit wie auch die Politik, die Rechtsauffassungen wie auch die Philosophie, in ihren Gesetzmäßigkeiten kennen muß und wohl auch auf diesem und jenem der genannten Wissenschaftsgebiete oder in ihren Beziehungen zueinander neue Entdeckungen machen muß, um sein Ziel, eben die umfassende Erkenntnis eines dieser großen Dichter, zu erreichen.

So stehen sich also nicht mehr Spezialbildung und Allgemeinbildung scharf profiliert gegenüber. Die Komplex-Spezialisierung bringt sie einander näher und näher und läßt so auch einen Wissenschaftler heranreifen, der an Tiefe und Breite der Bildung gewinnt, der sich in seiner Universalität wieder den großen Vorbildern in der Geschichte der Wissenschaft nähert, jedoch im Grad der Erkenntnis der Welt und durch die Lehre des Marxismus-Leninismus wie durch die Realität der sozialistischen Gesellschaft in den Möglichkeiten, durch die Erkenntnis zugleich die Welt zu verändern, weit, weit über ihnen stehend.

*

Die Feinhörigen unter uns werden bereits jetzt außerhalb dieses ehrwürdigen Raumes ein im Ton entschieden anschwellendes Geräusch vernehmen — den Beginn eines großen Stöhnens unserer Studenten und jungen Wissenschaftler über die enorme Belastung, die die von uns angedeutete neue Entwicklung der Wissenschaft für sie zu bringen scheint.

Ich glaube jedoch, daß eine solche Belastung nicht einzutreten braucht — wenn wir lernen, wahrhaft wissenschaftlich zu unterrichten, wahrhaft wissenschaftlich uns weiterzubilden.

Überlegen wir einen Augenblick, welches der Gang der wissenschaftlichen Arbeit ist. Von einem gewissen Standpunkt aus, mit einer bestimmten Konzeption beobachtet der Wissenschaftler einen ihm der Aufmerksamkeit werten Teil der Welt. Bestimmte konkrete Erscheinungen, eine Summe solcher Erscheinungen, Wiederholungen, Erfahrungen, Zusammenhänge, Abstraktionen, Geschehnisse, auf die er durch die Hilflosigkeit derer stößt, die ein bestimmtes Phänomen wissenschaftlich nicht erfassen könnnen und denen er zunächst auch nicht helfen kann, obgleich es sich doch um „sein Gebiet“

handelt, und anderes mehr erregen sein Interesse und werden ihm zum Problem. Der Wissenschaftler hat seine erste Aufgabe erfüllt. Durch Beobachtung, wach für Probleme, hat er einen Gegenstand der Untersuchung gefunden. Die zweite Aufgabe besteht dann in der Lösung des Problems, die, worauf schon Kant hingewiesen hat, in der Mehrzahl der Fälle leichter ist als die Erkenntnis des Problems, als die richtige Stellung der Frage.

Was also müssen wir unsere Studenten, unsere jungen Wissenschaftler zuerst lehren? Ganz offenbar doch Probleme zu sehen.

Was aber tun wir von der Schule an? Was ist die Hauptschwäche unserer Erziehungs- und wissenschaftlichen Ausbildungsarbeit? Wir überfüttern unsere Schüler, unsere Studenten und Assistenten mit Tatsachen. Und mehr noch, schlimmer noch. Während wir sie mit Tatsachen vollstopfen, lehren wir sie zumeist nicht, die unendliche Fülle von Werken zu handhaben, in denen sie jederzeit nachschlagen können, um die Tatsachen zu finden. Der schon von uns genannte sowjetische Historiker Minz klagt mit Recht darüber, daß er seit mehr als einem halben Jahrhundert die durchschnittliche Jahresernte an Gurken des zaristischen Rußland im ersten Jahrfünft dieses Jahrhunderts nutzlos im Gedächtnis mit sich herumträgt, während ich ihm gegenüber in der glücklichen Position bin, Namen, Regierungszeit und Bekleidung der in der vergangenen Siegesallee einst stehenden Fürsten bis auf einen unbedeutenden Rest vergessen zu haben.

Wenn wir davon ausgehen, daß wir heute auf den meisten Gebieten der Gesellschaftswissenschaften über Lehrbücher und Standardwerke verfügen, die das Tatsachenmaterial vermitteln, sollte es möglich sein, sich vor allem auf Problemvorlesungen zu beschränken, die Tatsachen im großen und ganzen nur zur Illustrierung verwenden. Viele Vorlesungen, die heute zwei- und dreistündig in der Woche gehalten werden, könnten meiner Meinung nach auf eine Stunde reduziert werden. Das Entsprechende gilt auch für die Naturwissenschaften.

Das bedeutet nicht, daß ein Wissenschaftler nicht über ein Tatsachenwissen verfügen muß. Aber das Tatsachenwissen darf nicht so sein, wie das jenes Mannes, der alle Telefonnummern auswendig kannte und nur nicht wußte, wer sich bei den einzelnen Nummern meldet – und zwar aus zwei Gründen: einmal sollte mit jeder Tatsachenkenntnis auch eine Kenntnis entsprechender Zusammenhänge und ihrer Problematik verbunden sein, man soll also wissen, wer sich bei einer bestimmten Telefonnummer meldet, und sodann ist die Kenntnis von Telefonnummern überhaupt überflüssig, da man sie jederzeit nachschlagen kann.

Weiterhin können wir die Ausbildung und Bildung unserer Wissenschaftler ganz wesentlich erleichtern, indem wir die Ausbildung in bestimmten Fächern vorverlegen. Es liegt überhaupt kein pädagogischer Grund vor, warum wir nicht die Grundlagen der Kenntnis einer ersten Fremdsprache bereits im Kindergarten und einer zweiten in den ersten vier Schuljahren vermitteln. Das setzt Sprachkundige, aber keineswegs ausgebildete Lehrer voraus. Die meisten Menschen lernen ihre Muttersprache nicht von Lehrern, und wenn wir uns sagen, daß die Grammatik einer Fremdsprache auf die Universität gehört, daß alle Wissenschaftler mit Ausnahme derer, die sich mit Sprachen beschäftigen, mit Recht völlig zufrieden sein können, wenn sie die Fremdsprachen lesen und sprechen, dann erkennen wir, wieviele Stunden, zumeist noch erfolgloser, Quälerei wir unseren Schülern und Studenten ersparen können.

Das bedeutet nicht, daß ein Wissenschaftler, ja daß ein gebildeter Mensch auf die Kenntnis dessen verzichten soll, was das Gerüst der Sprache ausmacht, eben auf die Grammatik. Ja mehr, ohne Meisterung einer Sprache in jeder Beziehung, auch der des Stils, fehlt dem Menschen ein entscheidendes Mittel gesellschaftlicher Bewegung. Doch genügt es im allgemeinen völlig, wenn er die Muttersprache in dieser Weise beherrscht.

Allein schon die Erleichterung der Ausbildung und Bildung des Wissenschaftlers durch stärkere Konzentration auf Probleme und geringe Gewichtung der auswendig gelernten Tatsachen bei wesentlich verbesserter Kenntnis der Nachschlagwerke sowie durch Vorverschiebung und Andersgestaltung des Sprachunterrichts ermöglicht eine ganz bedeutsame Ausweitung des Studiums. Ermöglicht unter anderem auch die Vorverlegung erster selbständig wissenschaftlicher Arbeitsanfänge mit Lektüre nach eigener Auswahl in das dritte Studienjahr.

Wenn es uns dann noch gelingen sollte, zahlreiche junge Wissenschaftler zu befreien von zu häufigen gesellschaftlichen Arbeiten, die ihre gesellschaftliche Hauptaufgabe, eben die wissenschaftliche Arbeit, unterbrechen, die sie nicht im großen Zug vorwärts kommen lassen, wenn wir zusätzlich zu dem Kampf gegen gelegentliche bürokratische auch den Kampf gegen entsprechende, der ehrenamtlichen Arbeit entspringende, ehrenbürokratische Erscheinungen aufnehmen, dann werden wir einen großen Schritt im Kampf für die schnelle und wirksame Entwicklung der Wissenschaft im Interesse unseres sozialistischen Aufbaus vorwärtsgekommen ein.

*

Die Zeit, die meinen Ausführungen gesetzt ist, nähert sich dem Ende. Lassen Sie mich schließen mit einigen Worten über die besonderen und so neuen Verhältnise, unter denen wir heute solche Überlegungen machen.

Eingangs hatte ich bemerkt, daß wenige Gebiete des gesellschaftlichen Lebens auf eine so lange Tradition immer erneuter Selbstbesinnung und Selbstüberprüfung zurückblicken können wie das der Wissenschaft. Als der größte Systematiker dieser Tradition in ferner Vergangenheit gilt Aristoteles, in den dreißiger Jahren seines Lebens Freund und Berater des Fürsten Hermias, in den vierziger Jahren Freund des Königs Philipp von Mazedonien und Erzieher seines Sohnes Alexander, als Fünfziger Leiter des Lyceums, einer Akademie in Athen, an dem er des Morgens für seine Schüler fachlich eng begrenzte, des Abends für einen größeren Kreis populärwissenschaftliche Vorträge hielt. Wie gering aber war sein Einfluß auf die Gestaltung der wissenschaftlichen Ausbildung in seiner Zeit und später — was, wie wir wissen, nicht ausschloß, daß seine Werke mechanisch und dogmatisch mehr als tausend Jahre hindurch gleich Standardlehrbüchern benutzt wurden.

Fast 2000 Jahre nach ihm wirkte Bacon, der wohl mehr Raum in seinen Schriften den Fragen der Methodik des wissenschaftlichen Fortschritts widmete als irgendein anderer Wissenschaftler vor und nach ihm. Als er sein Novum Organum herausgab, war er Viscount of St. Albans, Baron of Verulam und Lordkanzler von England. Doch weder zu seiner Zeit noch hundert oder zweihundert Jahre später finden wir an den Universitäten Englands, in Oxford oder Cambridge, auch nur einen Hauch seines Geistes.

Wenn jedoch heute wir im Plenum unserer Akademie zu solchen Fragen Überlegungen machen, wenn wir zu gewissen, sicherlich nur vorläufigen Lösungen von Problemen der Ausbildung und Bildung des Wissenschaftlers kommen, wenn wir auf gewisse Hemmungen in der Entwicklung hinweisen und große Fortschritte, die bestimmte staatliche Maßnahmen gebracht haben, bemerken, dann wissen wir, daß ein sozialistisches Land uns hört, daß unsere Worte bei unserer Regierung Gewicht haben, daß wir so einen wirksamen Beitrag leisten können bei der Entwicklung unseres Volkes zu einer gebildeten Nation, daß wir die Wissenschaft, daß wir die Ausbildung und Bildung des Wissenschaftlers in unserem Lande und so auch in der ganzen sozialistischen Welt fördern. Was kann es für einen Wissenschaftler Größeres und Schöneres geben, als in solchem Bewußtsein hier in unserem Kreise zu sprechen!

Diskussionsnotizen zum Plenarvortrag von Hrn. Kuczynski

Hr. Rompe:

1. Das Problem der Ausbildung in 2 Fächern gibt es auch in den Naturwissenschaften, z. B. in der Biophysik. Hier ist aber die Aufgabe an der Humboldt-Universität so gelöst worden, daß *zunächst* das eine Fach *voll* studiert wird, Physik oder Biologie und bei der anschließenden Durchführung der Promotion erst die Orientierung auf Biophysik erfolgt.

Eine Ausbildung in der normalen Studienzeit, die den wissenschaftlichen Anforderungen der modernen Biophysik voll gerecht wird, konnte nicht gefunden werden, sondern führte nur zu einem Niveau, welches etwa dem mittleren Ingenieurstudium entspricht.

2. Die Studienpläne mancher Fächer enthalten viel „Ballast" — darin hat Hr. Kuczynski Recht —. In den 20iger Jahren war das besonders krass bei Ingenieurschulen, z. B. an der Technischen Hochschule in Charlottenburg. Aber es ist auch heute in manchen Fächern einiges an „Zeitreserven" vorhanden, die dafür benutzt werden sollten, die Einheit der Wissenschaft in ihren theoretischen Grundlagen zu pflegen — als Gegengewicht zu der Tendenz der Spezialisierung.

3. Muß denn der Erwerb der Allgemeinbildung Gegenstand der Studienpläne der Universitäten und Hochschulen sein? Sollten nicht Hinweise, die Bekanntgabe eines Bildungsminimums für Absolventen ausreichend sein für einen selbständigen Erwerb der erforderlichen Allgemeinbildung?

Hr. Steenbeck:

Ich wollte, ich könnte den Grundton des Optimismus dieses Vortrages teilen; aber wir kommen doch an folgender Tatsache nicht vorbei:

Wenn wir heute auf irgendeinem Wissenschaftsgebiet ernsthaft etwas leisten wollen, müssen wir den Umfang des zu bearbeitenden Gebietes immer enger ziehen. Das beinhaltet natürlich die Gefahr, daß hohe Leistungsspitzen nebeneinander wachsen und die Verbindung zwischen verschiedenen Wissenschaftsgebieten schwieriger wird. Daher sollten wir die Forderung stellen, daß ein guter Wissenschaftler sein Gebiet selbst gründlich verstehen muß, ein Nachbargebiet aber so weit kennen sollte, daß hier noch ein Verständnis für die Probleme vorliegt, selbst wenn dieses Verständnis zu eigenen großen Leistungen nicht mehr ausreicht. Das genügt, um den Zusammenhalt der Wissenschaft als Ganzes zu ermöglichen, wie bei Gliedern einer Kette. Diese Glieder müssen aber auch innerlich der Sache nach in Verbindung stehen, sonst werden wir zu Schwätzern. Eine Verbindung von zwei nicht innerlich zusammenhängenden Wissenschaftsgebieten in einem Studium zu organisieren – sagen wir einmal Physik und Archäologie – halte ich für Zeitverschwendung. Das soll nicht heißen, daß ich es für grundsätzlich ausgeschlossen halte, daß ein Mensch auf zwei an sich auseinanderliegenden Gebieten ernsthafte Kenntnisse erwerben kann, aber eine derartige Allgemeinbildung läßt sich nicht einfach lehren. So erwünscht eine Allgemeinbildung – und sei es nur auf wissenschaftlichem Gebiet – wäre, sie wächst nur in den Menschen, die hierzu ein inneres Interesse, ein wirklicher Drang treibt. Aber das können wir nicht zur Grundlage einer Studienordnung machen. Wenn wir die Tatsache nicht anerkennen, daß schon der Erwerb von Kenntnissen auf einem einzigen Wissenschaftsgebiet die volle Arbeitskraft des Lernenden erfordert, dann werden wir sogar auf den speziellen Arbeitsgebieten nicht das leisten, was wir leisten müßten, um unsere Existenz zu sichern. Ich erinnere mich an eine Unterhaltung vor 14 Jahren mit Herrn Emeljanow, als ich ihn fragte, ob die zum Teil früh einsetzende Spezialisierung im Unterricht der Studenten nicht gefährlich sei. Seine Antwort überzeugte mich: Wir haben einen zahlenmäßig sehr großen Nachwuchs. Unter diesen Studenten sind viele nicht in der Lage zu mehr als zu Spezialisten auf einem engen Gebiet. Als solche können sie sehr nützliche Arbeit leisten. Diejenigen aber, in denen mehr steckt, die sorgen dann schon selbst dafür, daß sie aus der Enge ihres Wissens herauskommen – oder es steckt doch kein Ernst hinter diesem Wunsch.

Das wichtigste für unseren Universitätsunterricht ist es sicher, den Studenten das „Problem-Sehen“ beizubringen, gerade darin liegt die eigentliche Erziehung zum wissenschaftlichen Denken. Wir alle wissen aber, ein wie großer Teil der Studenten lieber schon fertig formulierte Aufgaben gestellt haben möchte, weil er es noch gar nicht gelernt hat, Aufgaben selbst zu sehen. Das wirkliche Problem bei uns ist es, daß der Unterricht an den Universitäten viel zu leicht zur Lernschule entartet und nicht Denkschule ist, so daß die Absolventen zwar viel wissen, aber nichts können.

Bei dieser Einstellung halte ich daher den Optimismus von Herrn Kuczynski, so etwas wie eine Komplex-Spezialisierung bereits in der Ausbildung vorzusehen, für eine schöne Utopie. Sie ist möglich – wenn überhaupt – nur durch das eigene Arbeiten in Verbreiterung eines schon erworbenen soliden Spezialwissens.

Hr. Oelßner:

Herr Kuczynski hat dargelegt, daß die wissenschaftliche Allgemeinbildung immer enger wird, weil im Zusammenhang mit der industriellen Entwicklung eine immer größere Spezialausbildung erforderlich ist. Im Zusammenhang damit möchte ich die Frage aufwerfen, ob wir es hier nicht mit einer objektiven Tendenz zu tun haben, die ihre Ursache in der Entwicklung der Wissenschaften selbst hat. Die Wissenschaften haben sich doch immer mehr in die Tiefe entwickelt und innerlich eine Spezialisierung erfahren, die heute auch im Rahmen einer einzelnen Wissenschaftsdisziplin ein Spezialstudium notwendig macht, von dem früher nicht die Rede war. Es kann heute keine Enzyklopädisten mehr geben wie in früheren Zeiten. Darum muß man klären, was denn heute unter wissenschaftlicher Allgemeinbildung zu verstehen ist. Adam Smith, David Ricardo und noch Karl Marx waren noch Ökonomen im allgemeinen Sinne. Heute aber haben wir unter den Wirtschaftswissenschaftlern Spezialisten für Arbeitsökonomik, Finanzökonomik, für Planung usw., und nur derjenige, der seinen allgemeinen Kenntnissen solche Spezialkenntnisse hinzufügen kann, ist in der Lage, wissenschaftlich etwas zu leisten.

Es ist auch nicht so einfach und gibt zu bedenken, die Allgemeinbildung auf Kosten der Kenntnisse von Tatsachen zu erweitern, die man in Nachschlagewerken finden kann. Was heißt das denn, Kenntnis von Tatsachen? In der politischen Ökonomie gehören die ökonomischen Gesetze zu den Tatsachen, die man kennen und beherrschen muß. Hat man aber z. B. das Wertgesetz nicht verstanden, dann hilft auch das beste Nachschlagewerk nicht weiter.

Hr. Rienäcker:

Zu dem Vortrag habe ich drei Bemerkungen bzw. Fragen:

1. Ich stimme in vollem Umfange zu, daß bei Unterrichtsfragen das Problem der Belastung der Schüler und Studenten und die Frage des Ballastes außerordentlich ernst genommen werden muß. Ich bin überzeugt, daß z. B. auf dem Gebiet des Sprachunterrichtes durch veraltete Methoden viel Zeit vergeudet wird. Sicher sind neue Methoden zur rascheren Erlernung

von Sprachen vorhanden, und man müßte solche Methoden rasch und nachdrücklich einführen und dies im Interesse der Lernenden nicht dem Selbstlauf überlassen.

2. Zur Frage der Verbindung von Theorie und Praxis im Unterricht möchte ich auf folgendes Problem hinweisen: Wenn man heute einen Studenten der Chemie ausbildet und meint, der Verbindung zur Praxis dadurch besonders gut zu dienen, daß man ihm Kenntnisse spezieller technologischer Prozesse vermittelt, so muß man berücksichtigen, daß diese Kenntnisse veraltet sind, wenn der Student die Hochschule verläßt. Es ist viel wichtiger, ihm grundsätzliche Kenntnisse zu vermitteln. Bei allen Fragen der Unterrichtsreform bestehen so schwierige methodische Probleme, daß sehr oft falsche Wege beschritten werden, sie führen zur Überlastung der Lernenden mit Ballast und haben keinen hohen Nutzeffekt. In dem an sich richtigen Bestreben, auch im Schulunterricht praxisnahe zu sein, enthalten, bzw. enthielten manche Schullehrbücher der Chemie veraltete technologische Einzelheiten, die nutzlos sind.

3. Zum Hauptproblem möchte ich noch folgende Frage zur Diskussion stellen:

Ist der Weg der *Komplexspezialisierung* wirklich der richtige Weg, d. h., soll die Fähigkeit, mehrere Wissenschaftszweige zu vereinigen, in ein und derselben Person liegen, oder kann man dies Problem nicht besser auf dem Wege über Forschungskollektive lösen? Ohne Zweifel werden schon in der Gegenwart, erst recht in der Zukunft, die bedeutendsten Fortschritte der Wissenschaft auf den Gebieten erfolgen, auf denen Wissenschaftsgebiete sich „überlappen". Werden solche Forschungen nun besser durch „Komplexspezialisten" oder durch Forschungskollektive gelöst werden? Dies ist eine wichtige Frage, die wir in der Akademie außerordentlich ernst nehmen sollten und mit der wir uns längere Zeit gründlich beschäftigen sollten; denn es ist ja unsere Aufgabe, nicht nur die bestehenden Wissenschaftszweige zu vertreten und zu fördern, sondern wir müssen vorausschauend zu erkennen versuchen, wo sich etwas Neues entwickelt und wie wir den Fortschritt auf diesen Gebieten am besten fördern können.

Hr. Leibnitz:

Hr. Leibnitz machte geltend, daß eine Komplexspezialisierung nach seiner Erfahrung eine Frage der langfristigen Berufsausübung sei. Es habe sich doch im Laufe der Jahre die Erfahrung erhärtet, daß das Studium an Universitäten und Hochschulen deren Absolventen nur wissenschaftlich zu bilden vermöge. Vorlesungen und Übungen hätten nur bedingt den Zweck, eine Berufsausbildung zu erzielen, sondern vielmehr die Aufgabe, den Studierenden die eigentliche Zielrichtung und Problematik des in Vorlesungen und Übungen abgehandelten Gebietes darzulegen. Die dabei notwendige Vermittlung von Faktenwissen könne nicht die Vorlesung und könnten nicht die Übungen übernehmen. Vielmehr müsse der Studierende durch eigene Leistung und Selbststudium sich dieses Material aneignen, um dann in der Berufsausübung dessen Anwendung zu praktizieren und hierbei ständig weitere Erfahrungen und selbstverständlich weitere Kenntnisse zu erwerben. Es kann dann nicht ausbleiben, daß bei einer solchen Tätigkeit eine Spezialisierung einsetzt. Diese setzt jedoch von einer anderen Warte ein und verleitet den Studierenden, nicht nur ein enzyklopädisches Allgemeinwissen erwerben zu wollen, sondern erlaubt ihm, seine Erfahrungen mit einem Gewicht zu versehen.

Hr. Leibnitz bezweifelt dementsprechend die Möglichkeit einer Komplexspezialisierung als einer Ausbildung als solcher.

Das Studium in einem Fach darf nicht zu eng gefaßt werden und darf nicht versuchen, den Absolventen von vornherein zu einem engen Spezialisten zu formen.

Hr. Frühauf:

Ich glaube, daß alle HH., die vor mir gesprochen haben, aus ihrer Sicht gewertet, Recht haben. Man muß aber die Frage stellen, welche Art von Menschen wir brauchen. — Welche Gattung von Menschen ist hier gemeint, die später eine bestimmte Tätigkeit ausüben sollen. Es gibt Menschen mit Routine — sie werden an bestimmten Stellen gebraucht. Es gibt Menschen mit Ideen — sie werden z. B. in Laboratorien arbeiten. Es gibt Menschen, die Ideen haben und sie in die Praxis überführen müssen, das sind z. B. Konstrukteure. Es gibt also verschiedene Anforderungen, und man wird nicht umhin können, daß man an Lehranstalten nach einer gewissen Sortierung, wer für welche Richtung geeignet ist, nun eben nach einem anderen System eine Ausbildung erhält. (Hr. Frühauf spricht darüber, daß die Frage gestellt wird, was zweckmäßigerweise in Büchern steht. Es muß aber auch die Gegenfrage gestellt werden, was nicht in den Büchern steht. Es gibt eine gewisse Grenze des routinemäßigen Aneignens von Wissenschaft und von Erfahrungsfakten.) Entscheidend ist, wie der Wissensstoff vermittelt wird. Im physikalisch-technischen Bereich ist ein Grundlagenwissen erforderlich, um damit ausgerüstet an die Probleme herangehen zu können. Später wird die Ausbildung immer spezialisierter. Den Geist soll man aber nunmehr an den

Dingen schulen, die man benötigt: Mathematik und Physik. (Hr. Frühauf schildert Erfahrungen mit der Hochschulausbildung nach Kriegsende, den praktischen Übungen, den Problemstellungen und den Ergebnissen von Prüfungen. Es habe sich aber gezeigt, daß bei steigendem Hilfeleistungsaufwand schlechtere Ergebnisse erzielt worden sind.) Meine Meinung ist, daß man den Studenten beibringen muß, Probleme zu erkennen, anzugreifen und sie selbständig zu lösen. Ich bin nach wie vor für diesen Weg, aber ebenso klar ist, daß, solange die Menschen jung sind, nichts anderes übrig bleibt, als sie zu zwingen, bestimmte Dinge auswendig zu lernen. (In der Technik und in der experimentellen Physik gibt es Dinge, die man auswendig lernen und üben muß.) Hier aber geht irgendwie das Zeitproblem mit ein.

Wenn man Thesen aufstellt, muß man sagen, wofür sie gelten sollen: Schule — Oberschule — Hochschule — Praxis — Forschung — Konstruktion.

Hr. Kuczynski:

Hr. Kuczynski bemerkt, daß er sich in seinen Schlußausführungen nur auf das Problem der Komplexspezialisierung beschränken will. Er freut sich, daß Hr. Leibnitz, der wohl am weitesten in der Ablehnung der Idee der Komplexspezialisierung gegangen ist, doch die Ansicht vertritt, daß sie sich in Einzelpersönlichkeiten realisieren ließe. Seiner Ansicht nach sollte aber gerade das, was nach Hrn. Leibnitz Einzelpersönlichkeiten zu Komplexspezialisten werden ließe, bewußt und allgemein gefördert werden. Wenn Hr. Rompe meint, daß die Komplexspezialisten im Grunde Einzelspezialisten wären, die die Komplementärwissenschaft sich eben nur angelernt und angeeignet hätten, so bedeutet das doch nur, daß wir die Komplexspezialisierung noch nicht systematisch aufgebaut haben und sie ganz wesentlich fördern müßten, damit gerade der gewissermaßen autodidaktische Zustand, den Hr. Rompe feststellt, überwunden werde. Hr. Kuczynski stimmt völlig mit den Ausführungen von Hrn. Rienäcker überein, daß die Methoden der Ausbildung von Komplexspezialisten und die Formen der Komplexspezialisierung, einschließlich auch der Bildung von Gruppen aufeinander eingearbeiteter einfacher Spezialisten, noch weiter durchdacht werden müßten und man mit ihnen experimentieren sollte. Zu den von Hrn. Rienäcker genannten Formen der Heranbildung von Komplexspezialisten fügt Hr. Kuczynski noch das in Amerika entwickelte post graduate-Studium hinzu, das es ermöglicht, nach dem Studium nicht nur seine Arbeiten auf einem bestimmten Fachgebiet zu vertiefen, sondern sie auf ein zweites auszudehnen.